科普漫畫系列

U0106224

病毒攻防戰

金政郁　著　　李柳澈　繪

新雅文化事業有限公司
www.sunya.com.hk

目錄

登場人物

粉粉

性格孤僻的妖精，是病毒世界的管理者

一直陪伴在變成病毒的托托身邊，幫助托托了解病毒的真正生活。

托托

一點衞生意識都沒有，而且喜歡惡作劇的淘氣男孩

暗戀着羅拉的男孩，因為被粉粉施了魔法而變成一顆病毒。

羅拉

性格善良，懂得關懷他人的女孩，也是托托的同班同學

因為經常和托托在一起而受到病毒感染，情況非常危險。

⌒刺刺⌒
引起高燒和
肌肉痛的病毒

它進入了羅拉的身體，
使羅拉生命陷入危險，
並與想阻止這一切發生
的托托不斷對抗。

⌒咳咳⌒
毫無預兆地引起
咳嗽的不明病毒

雖然一開始幫助了托托不少，
但總是令人懷疑它有很多
不可告人的陰謀。

⌒白血球部隊⌒
保障我們身體免受病原
體侵害的免疫細胞羣

它們在羅拉的身體裏
與病毒展開了一場
激烈的戰鬥。

變成了病毒的

托托

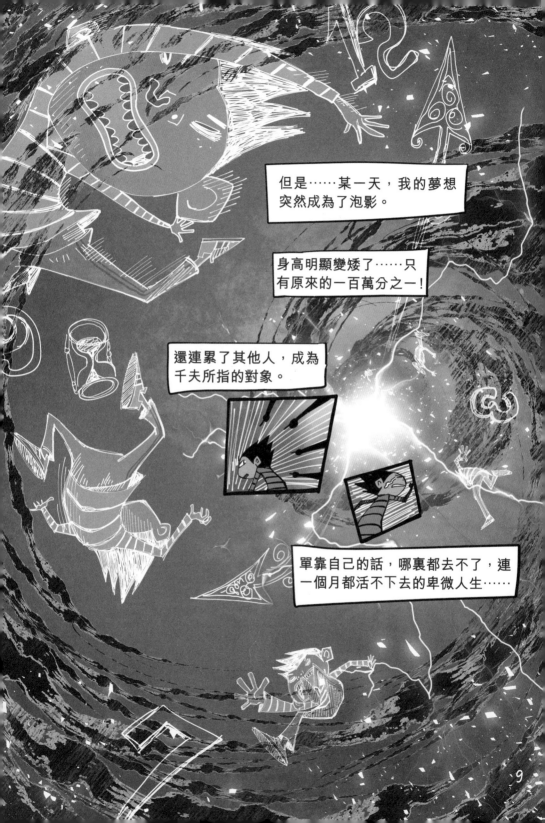

13

14

15

16

19

一直跑來跑去，有點口渴了呢。

呼嗚

啊，對了！有從占卜店裏帶回來的乳酸飲品！

滋咦

咕嚕

乳酸飲品

咕嚕

哈啊！

嘶嗚

咦！為什麼乳酸飲品瓶變形了？

啊……哦……哦哦哦

啊……嗯……

喔！

咕

呼嚕嚕嚕

嘚嘞嘞

20

托托呀……

快醒醒，托托！

誰……
是誰？

謝謝你！多得你，今天又有50億顆以上的病毒得以重獲新生了。所以……我們想給你頒個獎。

頒……
頒獎？

嗯？

咿呀！

突

然

做了個奇怪的夢，覺都沒睡好呢。

現在幾點了？

姊姊，現在幾點了？

23

咦！這裏不是我的房間啊！這些到底都是什麼呀？

滴！

答！

還有脖子上掛着的又是什麼呀？

還能是什麼……當然是病毒啦！

這聲音是？是在夢裏呼喚我的那個聲音？

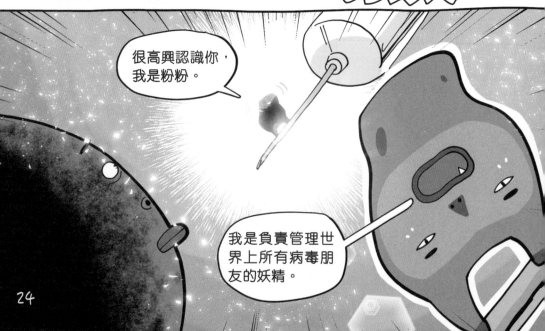

很高興認識你，我是粉粉。

我是負責管理世界上所有病毒朋友的妖精。

24

哈哈哈哈哈

胡說八道，又妖精又病毒的……

沒錯，這分明是個夢。再睡一會醒來就……

突然

啊

啊

啊

啊！那你意思是這些全部都是真的病毒？

喂！快點起來，這不是夢。

嗚啊啊

啊啊啊

篤

點頭

都說是了。

可是我聽說，病毒是小到肉眼看不見的呢……難道是病毒們變大了嗎？

不是！是你變小了。正確來說，是你變成病毒了。

你說……我變成病毒了？

嗯。是我把你變成病毒的。

騙人！這明明是人類的模樣？

灰頭土臉的還搞不清狀況。

呼

呼

讓你看看自己的真正面目。

這……這是什麼呀……

正如你所見，你的身體只由蛋白質外殼和核酸組成，即是病毒！

哐！

我的天啊……

26

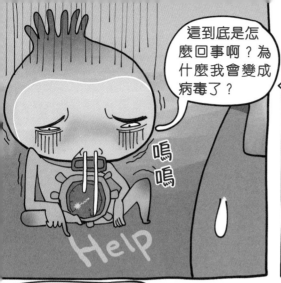

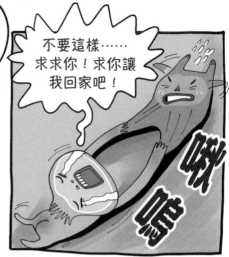

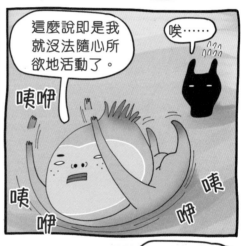

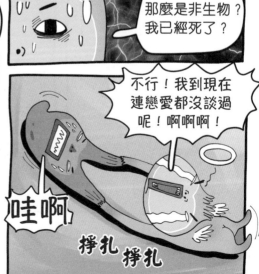

嘿，想喝碗粟米豬骨湯呢！

呵，你是笨蛋嗎？

不能單靠這些就判斷病毒為非生物，而是視乎有否宿主，有的話病毒是生物，沒有的話便是非生物。

宿主？

宿主指的是給寄生體提供養分或棲息地的生命體。在這裏，病毒可以像其他生命體一樣，正常繁殖、進化，還可以引發突變。

那如果沒遇到宿主會怎樣？

1棲宿主

2棲宿主

3棲宿主

雖然根據環境變化會有一定差異，但是病毒沒有找到宿主的話，大部分會馬上消失。

消……消失？死亡嗎？

嗯。你脖子上的時鐘就是你可存活的時間，你必須在時間變為0之前找到宿主才行。

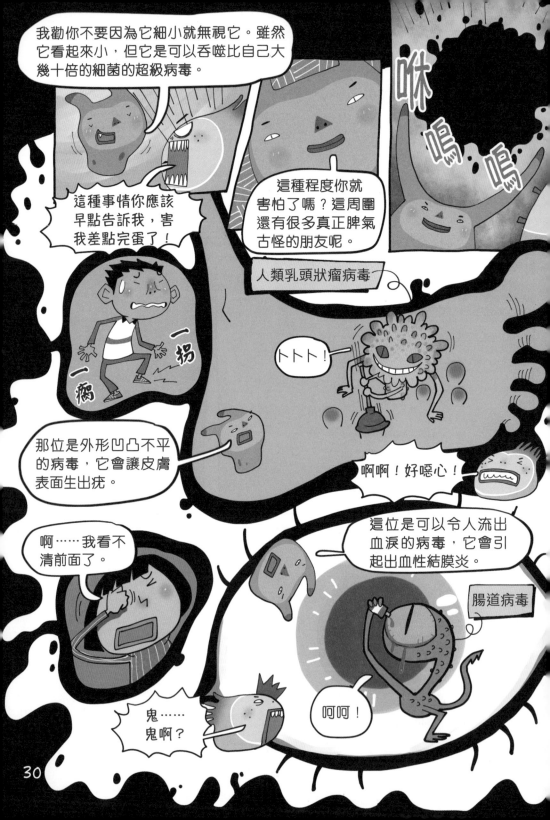

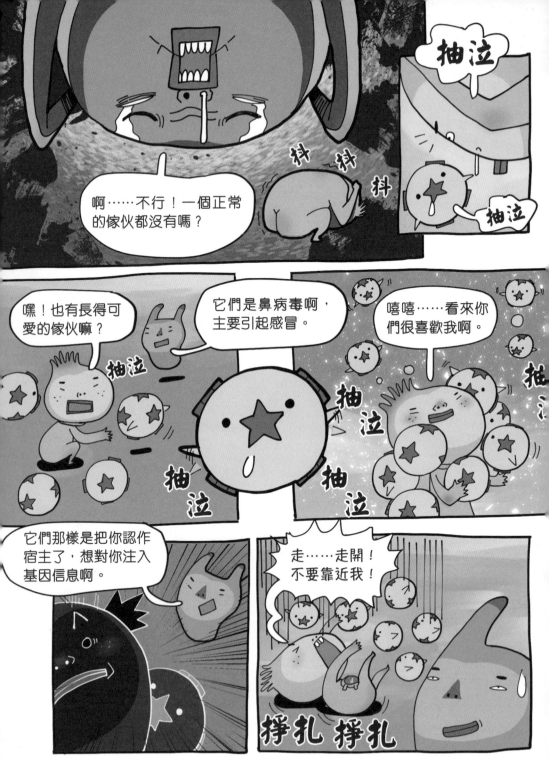

33

病毒究竟是什麼？

　　病毒是介乎於生命體和非生命體之間的中間物質，是僅有**核酸**（遺傳物質，DNA或RNA）的非細胞物質。因為構造原始，所以病毒無法獨自攝取養分和進行新陳代謝，無論如何都需要進入其他動植物體內，才可以複製自身和**繁殖**。

　　病毒的存在是基於19世紀後期俄羅斯科學家德米特里·伊凡諾夫斯基（Dmitri Ivanovsky）的研究而開始被世人知道的。當時在尋找煙草花葉病發病原因的過程中，發現了一種可以輕易通過細菌過濾器的不明物質。之後在1935年，美國生物化學家溫德爾·斯坦利（Wendell Stanley）利用電子顯微鏡觀察等方式確認了這種物質就是病毒。

　　病毒和細菌一樣，都是能引發傳染病的物質，這一結論已成事實，所以他的英文名字「Virus」也是取自拉丁文裏「**毒**」的單詞。

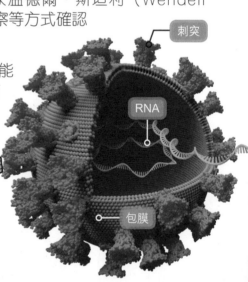

刺突

RNA

包膜

我到底是生物？還是非生物啊？

進駐

宿主的身體！

你哪裏不舒服呢？

摔了一跤，膝蓋受傷了。

嗯……讓我看看。

幸好傷口不是很深。

現在馬上幫你治療，請你稍等一會。

好。

41

48

托托！
醒一醒！

啊⋯⋯啊⋯⋯

這⋯⋯這裏是哪裏
啊？是天堂嗎？

不是呢，我們還在宿主手上。

高興

嗯。

所以我活下來了？

呀呵

萬歲！

但是老師明明洗手了，我是怎麼活下來的？

呵呵，那是因為宿主沒有用洗手液。她真是個善良的人呢！

嘶嘞嘞

洗手液？

凵凵凸凸三劍客說得沒錯。

53

54

55

沒有宿主就不能活了！

　　病毒不能獨自繁殖，所以必須在進入被稱為宿主的其他生命體後，在宿主體內獲得合成蛋白質必需的物質（酵素和核糖體），才能複製和繁殖。

　　一般情況下，受病毒的特性影響，病毒只能感染同種生物。例如，能在鳥類間傳播的病毒，就不能在魚類間傳播。但是，病毒為了能更好適應周圍環境，也會一點一點地改變，這稱為**病毒變異**。病毒打破生物種類界限，交叉感染的情況也是經常發生的。

　　物種間傳播的代表性案例就是2002年初次發病於中國廣東省的「非典型肺炎」（簡稱SARS）和2012年在沙地阿拉伯首次報告的「中東呼吸綜合症」（簡稱MERS）。非典型肺炎是由蝙蝠首先傳播給果子狸，再傳播給人類的疾病；中東呼吸綜合症則是由蝙蝠傳給駱駝，再傳給人類的疾病。

高致病性禽流感也可以傳播給人類呢！

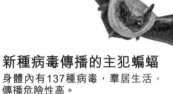

新種病毒傳播的主犯蝙蝠
身體內有137種病毒，羣居生活，傳播危險性高。

恐怖的 飛沫 傳播

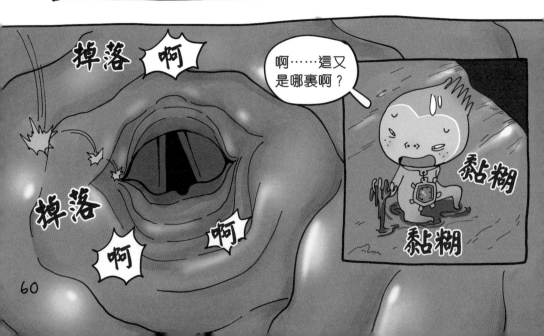

這是宿主體內
的喉頭啊。

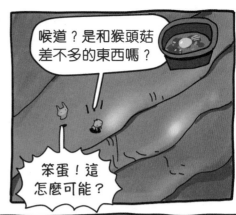

喉道？是和猴頭菇
差不多的東西嗎？

笨蛋！這
怎麼可能？

簡單來說，喉頭就是食物
和空氣進入體內的通道。

鼻腔

會厭

喉頭

食道

那麼，從現在
開始我應該在這
裏做什麼呢？

當然是開始
繁殖啦。

繁殖？

卵胎生

卵生

胎生

二分法

孢子法

所有生命體都會通過各種方法留下自己的遺傳基因。卵胎生、卵生、胎生、二分法、孢子法等等。

同樣地，病毒也會通過和宿主細胞結合的方式，製造更多和自己一模一樣的病毒，這就叫做繁殖。如果將病毒比作人類，也可以看成是製造自己的後代。

爸爸！

爸爸！

與細胞膜結合

移動

脫殼

病毒基因組

核酸複製

宿主細胞

蛋白質外殼合成

外殼形成

新的病毒放出

啊！和我長得一模一樣呢？

我……我的後代？

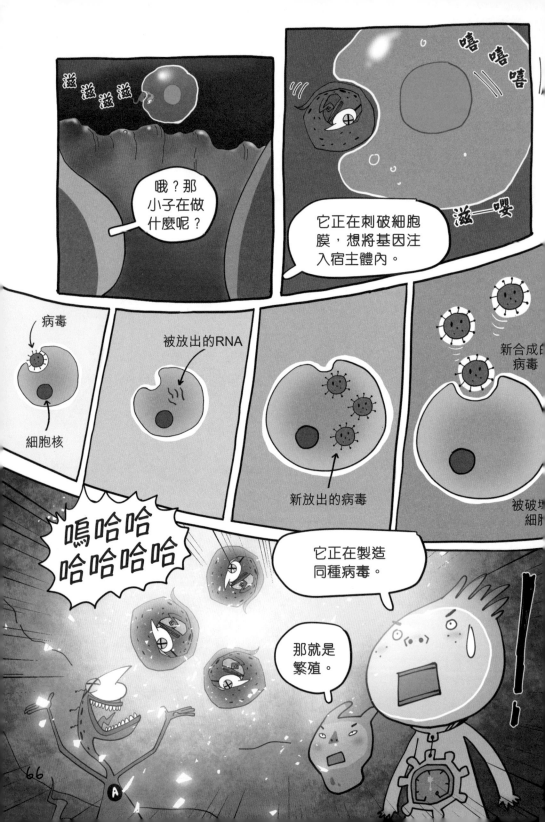

67

68

通過被污染的水或糞便感染的情況是水源傳播。

病毒藏在5微米以下大小的粒子裏，並於空氣中浮動，以空氣為媒介的傳播叫做空氣傳播。

像幾天前醫院裏的那種情況一樣，因直接接觸到病毒而被感染的情況叫做接觸傳播。

那不是隧道，是羅拉的鼻孔呀！

嘻嘻，羅拉連鼻孔也很美呢。

哦哦！為什麼有一陣熱風？

呼嗚

笨蛋！現在不是說這種話的時候呢！

咳咳！咳咳！

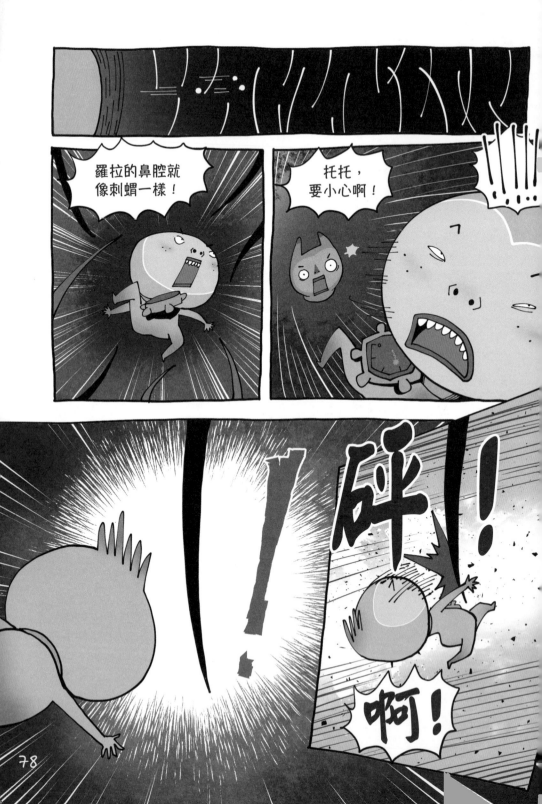

托托啊！

老師！

你沒事吧？

對不起啊，
同學們。

本來打噴嚏的
時候應該用紙巾
或者衣袖捂住口
鼻的呢。可是來
得太突然了，我
來不及……

不要太在意啦，你也不是故意的。

我沒關係的。

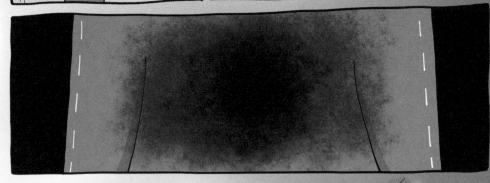

啊……這次又是哪裏啊？美麗的羅拉身體裏還有這種地方。

啊嗯。

感冒與流感，不一樣嗎？

我們經常以為流感就只是嚴重一點的感冒而已。但這是錯誤的，感冒與流感無論是發病原因還是症狀都完全不一樣。

感冒是由鼻病毒、腺病毒等多種病毒引發的疾病，會引起流鼻水、咳嗽、痰多等相對較輕微的呼吸系統症狀，一般過幾天就可以自然痊癒。相反，流感是由**流行性感冒病毒**引發的**急性呼吸系統疾病**，與感冒不一樣，它會引起高燒、發冷、頭痛、肌肉痛、疲勞等全身異常的症狀。情況嚴重時，還會引發肺炎或心肌炎等併發症，威脅我們的生命。

流行性感冒病毒讓全世界陷入恐慌的情況非常多，代表性案例有1918年發生並奪去5千萬人生命的西班牙流感，以及2009年全世界範圍內流行的人類豬型流感疫情。

流感病毒特別喜歡又凍又乾燥的冬天！

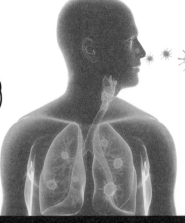

流行性感冒病毒
會引起伴有嚴重咳嗽和喉嚨痛的急性呼吸系統疾病。

幾天後

哈哈

哈

吵

吵

鬧

鬧

呵

呵

羅拉，你不
舒服嗎？

啊，不是。

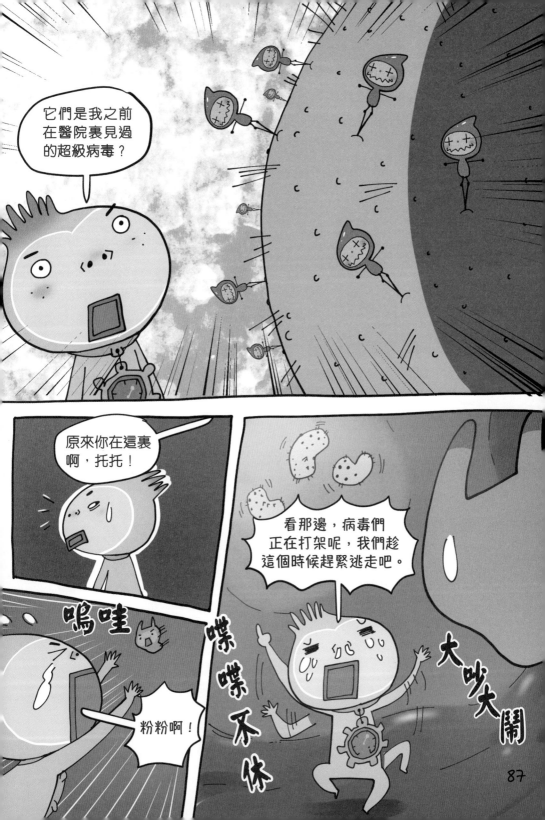

87

那一團並不是病毒呢。

那是什麼？

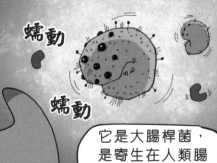
蠕動

蠕動

它是大腸桿菌，是寄生在人類腸道中的細菌。

我不是說了嗎，超級病毒靠吞噬比自己大的細菌來存活。

所以，最近科學家們也會利用超級病毒來研發消滅細菌的辦法。

砰！

嗯……
我還以為病毒只會帶來害處，原來還有對人類有益的地方。

說不準呢……站在人類的立場，也可以這樣認為。但站在病毒的角度來說，這只是一種求生的本能。

其實為了有足夠的時間繁殖和傳播，病毒還真的不能短時間內讓宿主死亡。某種程度上，根據生存需要，病毒和宿主也可能成為暫時的命運共同體。

啊對了！沒看見咳咳呢？它去哪裏了？

不知道呢。

可能是剛剛進入宿主身體的時候，它隨着滲出液或血液移動到其他地方了吧？

呀呀

呀

它應該是繁殖失敗了，所以正在慢慢消失。

什麼？不是進入宿主的身體就能繁殖了嗎？

不一定的，反而繁殖失敗的可能性更高。

斯嘞嘞

像諾如病毒，一般不需要藥物也能自然從人體排出，所以對人類沒有什麼大傷害。

嗚嗚，好想黏住宿主，然後製造更多跟我一樣的諾如病毒呢……

看起來好可憐。

沒有辦法，這就是自然法則。

你該擔心的事情不是這個。

你突然說什麼呢？

91

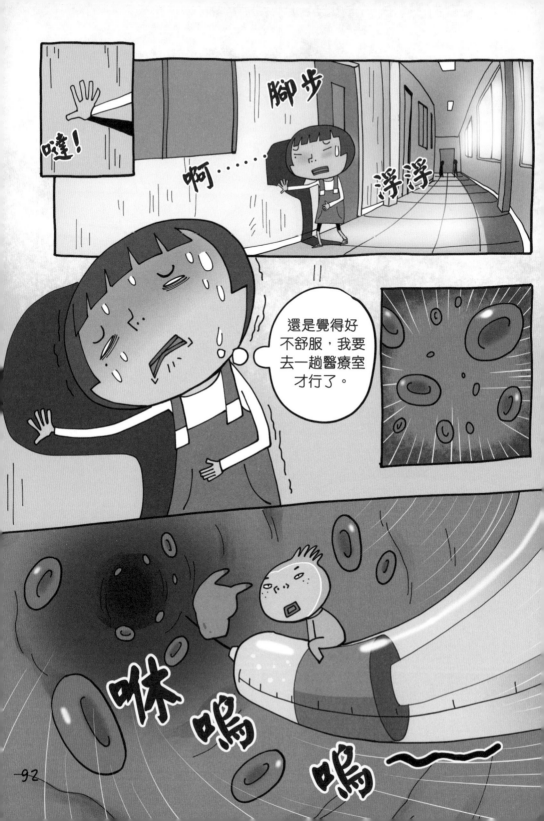

所以你的意思是，從現在的情況看來，羅拉體內有讓她染病的病毒？

咻嗚

嗯，總感覺有一個非常可怕的傢伙在這裏。

到底是什麼樣的病毒能讓粉粉這麼緊張呢？

啊！是那羣傢伙？

嘻嘻嘻

呵呵呵

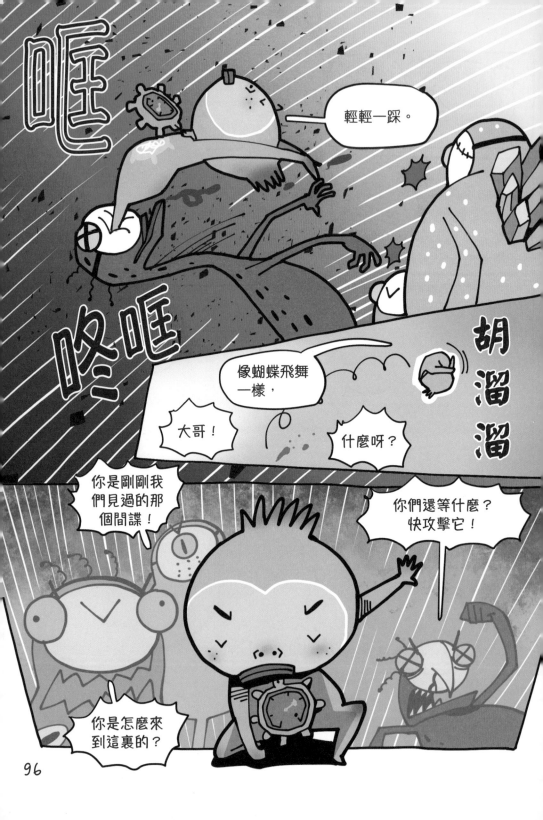

99

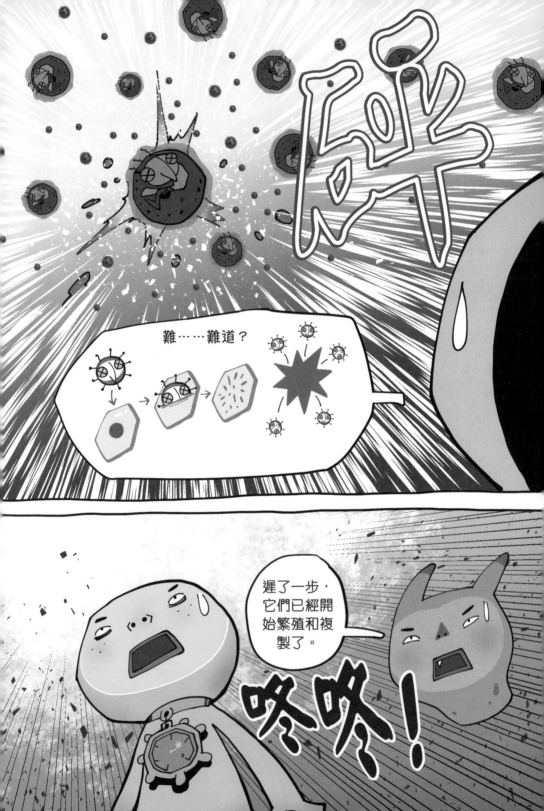

有善良的病毒嗎？

對人類來說，病毒是非常可怕的。病毒會不知不覺地靠近我們，還會引發多種疾病。但是，病毒也不是只有壞的，也有像噬菌體這種善良的病毒存在。

噬菌體（bacteriophage）是攻擊細菌的病毒。連名字也是「**細菌（bacteria）捕捉（phage）**」的意思。噬菌體連外形都長得跟其他病毒不一樣。它有棱角分明的頭部，細長的身體上還有好幾條纖維尾巴，看起來有點像登陸月球的宇宙飛船。

那麼，到底噬菌體是怎麼吞噬細菌的呢？噬菌體首先附着在細菌表面，再刺破細菌表皮**注入自己的DNA**。利用細菌的複製酶複製自己的基因和蛋白質。就這樣複製出數萬個噬菌體後，細菌最終會被撐爆，所以無論是多大的細菌都逃不掉的。噬菌體離開爆破的細菌後，就會繼續尋找其他獵物。

我是捕捉
細菌的
病毒！

頭部

頸部

尾巴

由頭部、頸部和尾巴
組成的噬菌體，頭部
內有基因物質。

身體的 反擊

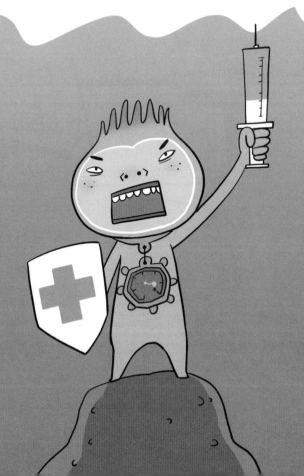

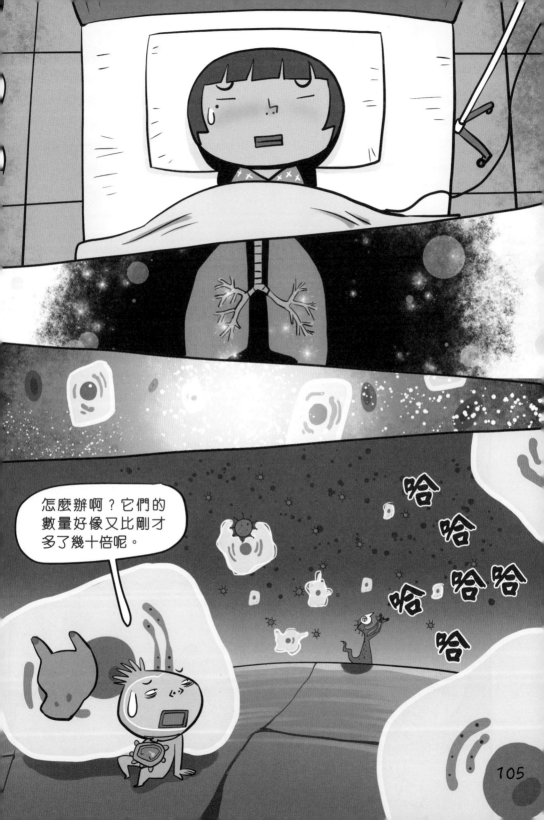

105

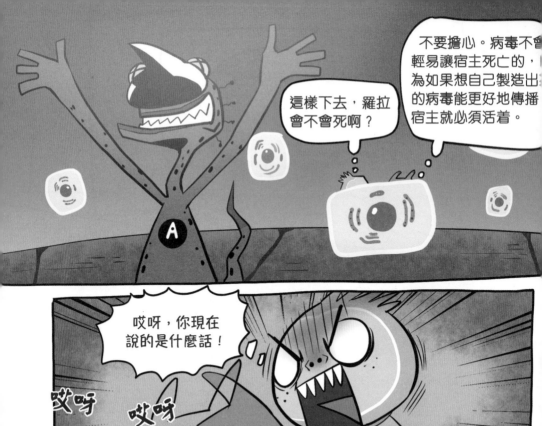

不要擔心。病毒不會輕易讓宿主死亡的，因為如果想自己製造出來的病毒能更好地傳播，宿主就必須活着。

這樣下去，羅拉會不會死啊？

哎呀，你現在說的是什麼話！

哎呀 哎呀 哎呀
哎呀 哎呀
哎呀 哎呀 哎呀 哎呀

再這樣下去，羅拉會很危險的。我不能就這樣看着什麼都不做。

嗚嗚

要馬上把那些傢伙趕出羅拉的身體才行！

冷靜一點，單憑你一個肯定贏不了它們的。

嘩！

嘿喲 嘿喲 嘿喲

別擔心，那是免疫細胞白血球。

不好了。本來有凹凹凸凸就已經夠麻煩了，竟然又有新的病毒出現！

白血球？

當人類身體受到病毒攻擊時，免疫系統就會開始與病毒對抗，這時就是白血球出場的時候了。

原來它不是壞蛋，是負責捕捉病毒的獵人啊！

一個也不要放過！

現在還不是鬆懈的時候，較量現在才開始呢。

豈有此理！竟然敢攻擊我複製的病毒？

嘩啊

篤！

篤！

快進來！快進來！

伙伴們！給它們看看我們的厲害！全體攻擊準備！

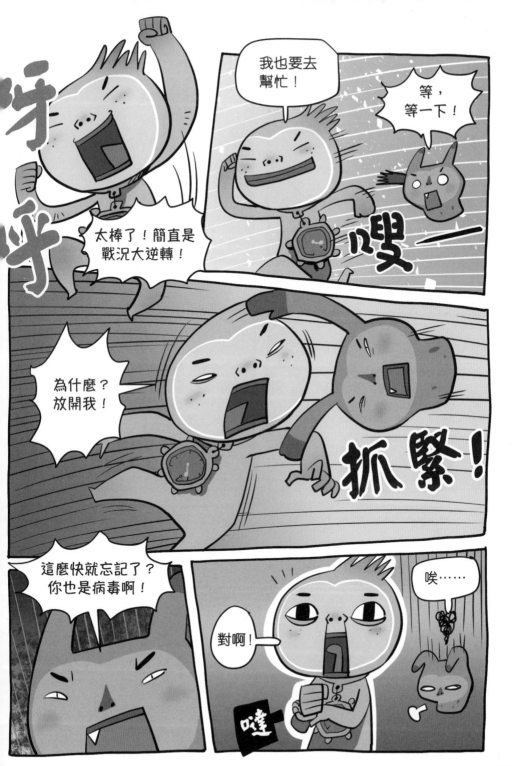

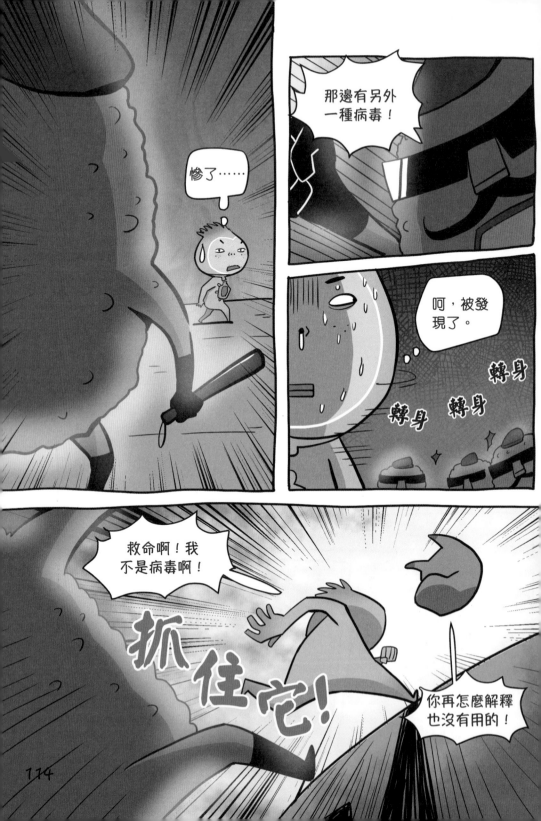

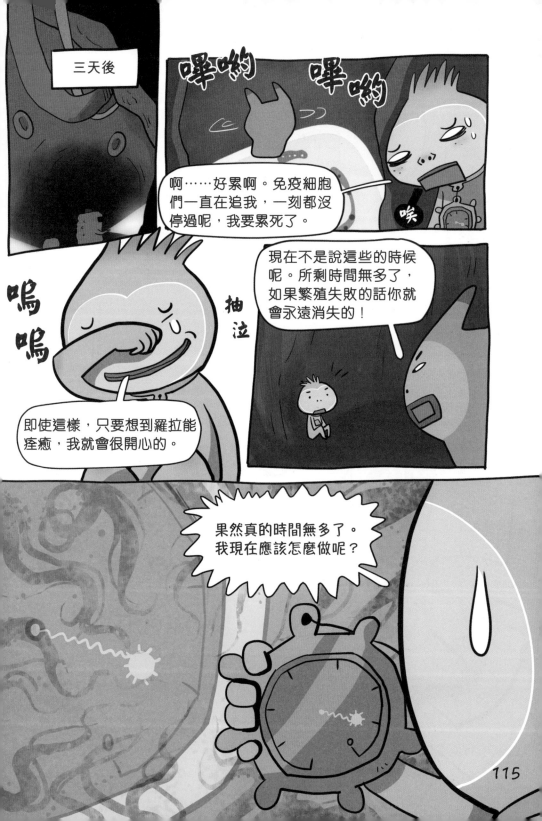

115

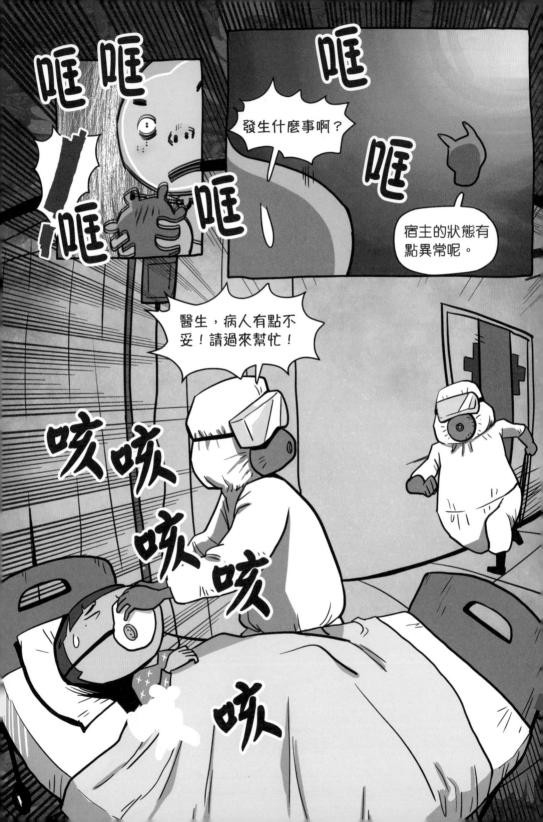

117

這麼看來，很有可能是人畜共通的傳染病。

中東呼吸綜合症冠狀病毒

那是什麼？

暈！

伊波拉病毒

禽流感病毒

這些病毒本來只存在於動物體內。但隨着環境被破壞，動物與人類接觸的機會越來越多，現在這些病毒已經可以轉移到人類身上。類似病毒有中東呼吸綜合症冠狀病毒、禽流感病毒、伊波拉病毒等。

雖然如此，但是已經過了一個多星期了？

病毒為了不被發現，從而給自己創造更多時間進行複製，在感染宿主之後會有一個潛伏期。

例如，中東呼吸綜合症冠狀病毒的潛伏期大概是2至14天。潛伏期期間，幾乎沒有任何症狀。

119

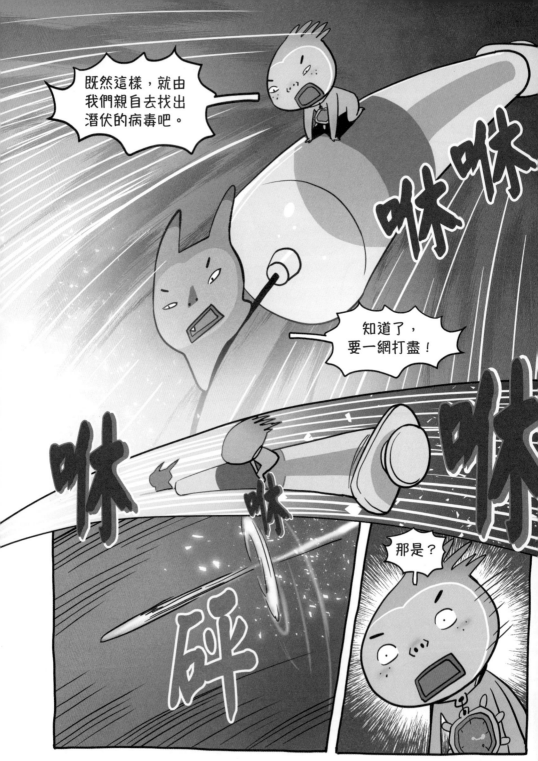

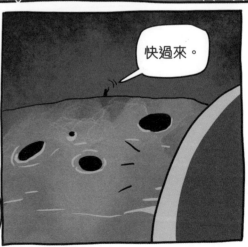

123

125

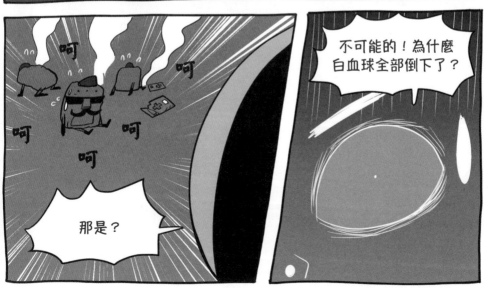

127

疫苗是怎樣來的？

疫苗是為了**預防感染**而製造的藥物。通過先讓病毒繁殖，然後再將他們殺死（即滅活疫苗）或弱化（即減毒疫苗）製成。

但是你一定會問，把病毒注射到身體裏不會更危險嗎？不過，人體本身有**免疫機能**，很容易就能對曾經接觸過的抗原（病原體）產生**抗體**（免疫系統成分），所以注射疫苗就是在真正病毒入侵人體之前，先把較弱的病毒注射進體內，讓身體事先製造出抗體的一種方法。

最初的疫苗是1796年由英國學者愛德華·詹納（Edward Jenner）製成的。他發現如果接觸過有輕微症狀的**牛痘**（從牛身上抽取的免疫物質），反而不會感染天花的事實之後，研發了提前接種牛痘的**天花預防法**。之後，法國微生物學家路易·巴斯德（Louis Pasteur）為了紀念詹納，便把自己發明的狂犬病預防法命名為疫苗（vaccine），這個詞語引用自拉丁語**Vacca**，是**母牛**的意思。

疫苗是從牛身上得到靈感的呢。

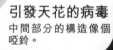

引發天花的病毒
中間部分的構造像個啞鈴。

131

133

135

真厲害！好強大啊！

但是比起NK特種兵，T部隊和B部隊也太清閒了吧？

當然不是。T部隊和B部隊都有只有他們才能完成的秘密任務。

秘密任務？

找到了，通話完畢！

悄悄

悄悄 悄悄

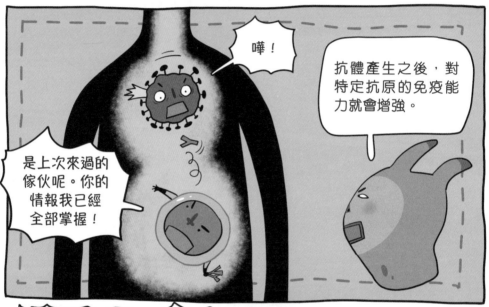

143

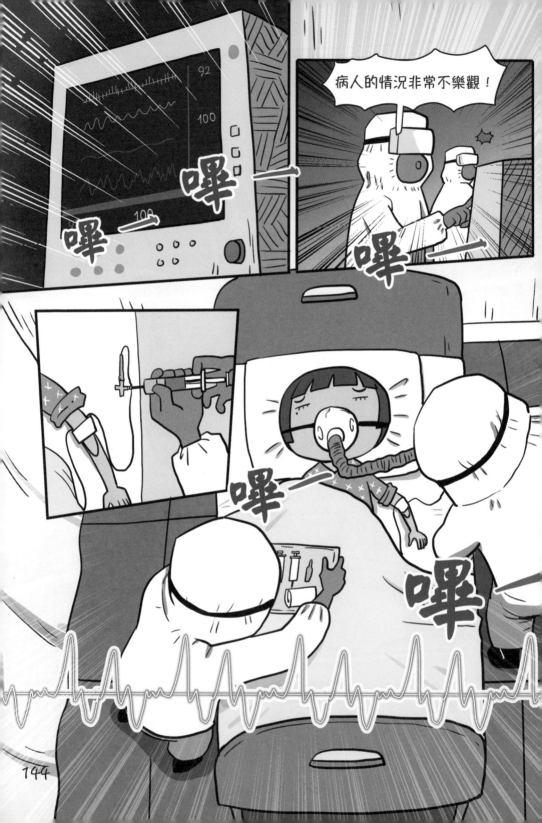

啊！

呸

托托啊，再下去會有危險的。快離開這裏。

篤 噠噠噠噠

NK Ⅲ

不要，放開我！我絕對不會讓羅拉死的！

托托啊！

我曾經是一個不愛洗手，經常用髒手拿東西吃的孩子呢。

我現在好像明白了，之前的我有多麼不對……

呼 呼 呼 呼

嘻喲！

砰！

竟敢放肆！

粉粉啊……

啊啊

我也要幫忙。

砰！

啪叮

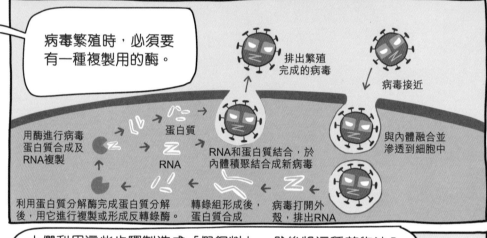

153

155

班主任和羅拉都生病住院了。

吵鬧

吵鬧

各位，一大早就給大家傳達壞消息，我的心情也非常沉重。

班主任和羅拉？

怎麼會？

嗬！

嘟咚……

咚……

什麼？不是夢嗎？那羅拉難道……

噠！

噠！

噠！

全體安靜！

157

幸好,她們兩位都已經度過危險期了,大家不要太擔心。還有,為了防止病毒傳播,醫院謝絕探訪,請大家不要去探病。

呼,幸好。

知道!

啊,對了!還有一件事要告訴大家。

請進來。

嘚　嘞　嘞

科普漫畫系列
病毒攻防戰

作　　者：金政郁（Kim Jeongwook）
插　　圖：李柳澈（Lee Yucheol）
翻　　譯：何莉莉
責任編輯：劉紀均
美術設計：蔡學彰
出　　版：新雅文化事業有限公司
　　　　　香港英皇道499號北角工業大廈18樓
　　　　　電話：（852）2138 7998
　　　　　傳真：（852）2597 4003
　　　　　網址：http://www.sunya.com.hk
　　　　　電郵：marketing@sunya.com.hk
發　　行：香港聯合書刊物流有限公司
　　　　　香港荃灣德士古道220-248號荃灣工業中心16樓
　　　　　電話：（852）2150 2100
　　　　　傳真：（852）2407 3062
　　　　　電郵：info@suplogistics.com.hk
印　　刷：Elite Company
　　　　　香港黃竹坑業發街2號志聯興工業大樓15樓A室
版　　次：二〇二一年七月初版

ISBN: 978-962-08-7807-7
Written by Kim Jeongwook
Illustruted by Lee Yucheol
Copyright © YeaRimDang Publishing Co., Ltd., Korea
Originally published as "Momui Juineun Naya! Virus" by YeaRimDang Publishing Co., Ltd., Republic of Korea 2021
Complex Chinese Character translation copyright ©2021 by Sun Ya Publications (HK) Ltd.
Complex Chinese Character edition is published by arrangement with YeaRimDang Publishing Co., Ltd.